想见新安江

《想见新安江》编委会　编

浙江摄影出版社
全国百佳图书出版单位

一江清水出新安

——《想见新安江》序

习近平总书记强调："良好生态环境是最公平的公共产品，是最普惠的民生福祉。"水是生命的源泉、文明的摇篮，水生态文明是生态文明的核心组成部分。水不仅孕育了大自然的神奇灵秀，更润泽了生生不息的人类社会。

奔腾于古徽州大地的新安江就是这样的一脉水！她发源于黄山市休宁县六股尖，与富春江、钱塘江一脉相连，是徽杭两地人民共同的母亲河，也是华东地区重要的生态屏障、长三角地区重要战略水源地。在岁月长河中，新安江以特有的清澈秀丽，铭刻了"源头活水出新安，百转千回下钱塘"的生态印记，经其涵养的黄山、齐云山、千岛湖成为大自然的瑰宝，由其滋润的徽商成为称雄明清商界数百年的商帮，由其孕育的徽州文化、钱塘文化堪称中华传统文化的奇葩！

进入新世纪，随着我国工业化、城镇化进程加快，国内江河湖泊水体污染、水质恶化事件频发，新安江及千岛湖也出现令人担忧的问题。习近平总书记高度重视，就千岛湖及其上游新安江的保护作出重要批示，由此催生全国首个跨省流域的新安江生态补偿机制试点，拉开了新安江流域生态文明建设的大幕。遵照习近平总书记重要批示，皖浙两省协力共治，国家部委鼎力共促，流域群众携手共护，持之以恒治理新安江、保护母亲河，初步走出了一条"上游主动强化保护、下游支持上游发展"的互利共赢之路。今日新安江水清岸绿，水质稳定向好，每年向千岛湖输送60多亿立方米干净水，占千岛湖年均入库水量的68%以上。"望得见山、看得见水、记得住乡愁"成为流域最鲜明的生态标识。今日新安江流域业兴民富，全域旅游如火如荼，绿色经济蓬勃发展，生态产业化、产业生态化特征日益显现，城乡居民收入等主要人均经济指标位居全省前列，绿水青山正加速向金山银山转化。今日的新安江充满活力，试点入选中国十大改革案例，写入中央《生态文明体制改革总体方案》，在安徽和全国多个省份和流域推开，成为我国生态文明制度建设的重大创新，成为习近平生态文明思想的重要实践地！

感于新时代的伟力创造，感于新安大好山水，一批又一批来自全国乃至世界各地的摄影人，带着对大自然的热爱，带着“为时而摄”的担当，跋涉于新安江流域的山山水水，用镜头记录这里的清丽隽永和文明变迁，用光影见证这场“共护母亲河”的火热实践和时代壮举，实现了自然之美、人文之美、摄影之美的有机结合。去年春天，我们与中国摄影报社联合举办“想见新安江”全国摄影大赛暨第八届中国黄山油菜花摄影节，来自五湖四海的摄影师欢聚黄山，喜结“新安江摄影联盟”，不仅定格了“江入新安清”的时代记忆，更表达了“同饮一江水，共护一江清”的美好愿望，共同成就一场发现美、记录美、传播美的摄影盛宴。

这部《想见新安江》摄影集，由“源远流长”“清溪清心”“一方水土”“上善若水”四个章节构成，真实记录了新安江流域的山水人文，充分展现了流域人民携手保护的真情担当，可谓美丽中国、美好安徽的生动缩影。观览全书，一条生态优先、绿色发展的美丽之江、希望之江跃然纸上，让人既有神游新安的怦然心动，更有寄望未来的无限憧憬！

“湖经洞庭阔，江入新安清。”这条从唐诗宋词吟咏中流淌的碧水新安，必将在生态文明新时代焕发出新的光彩，清澈永驻，青春永驻，魅力永驻！

是为序。

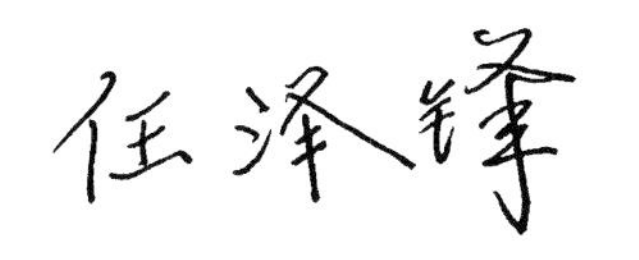

2019年5月于屯溪新安江畔

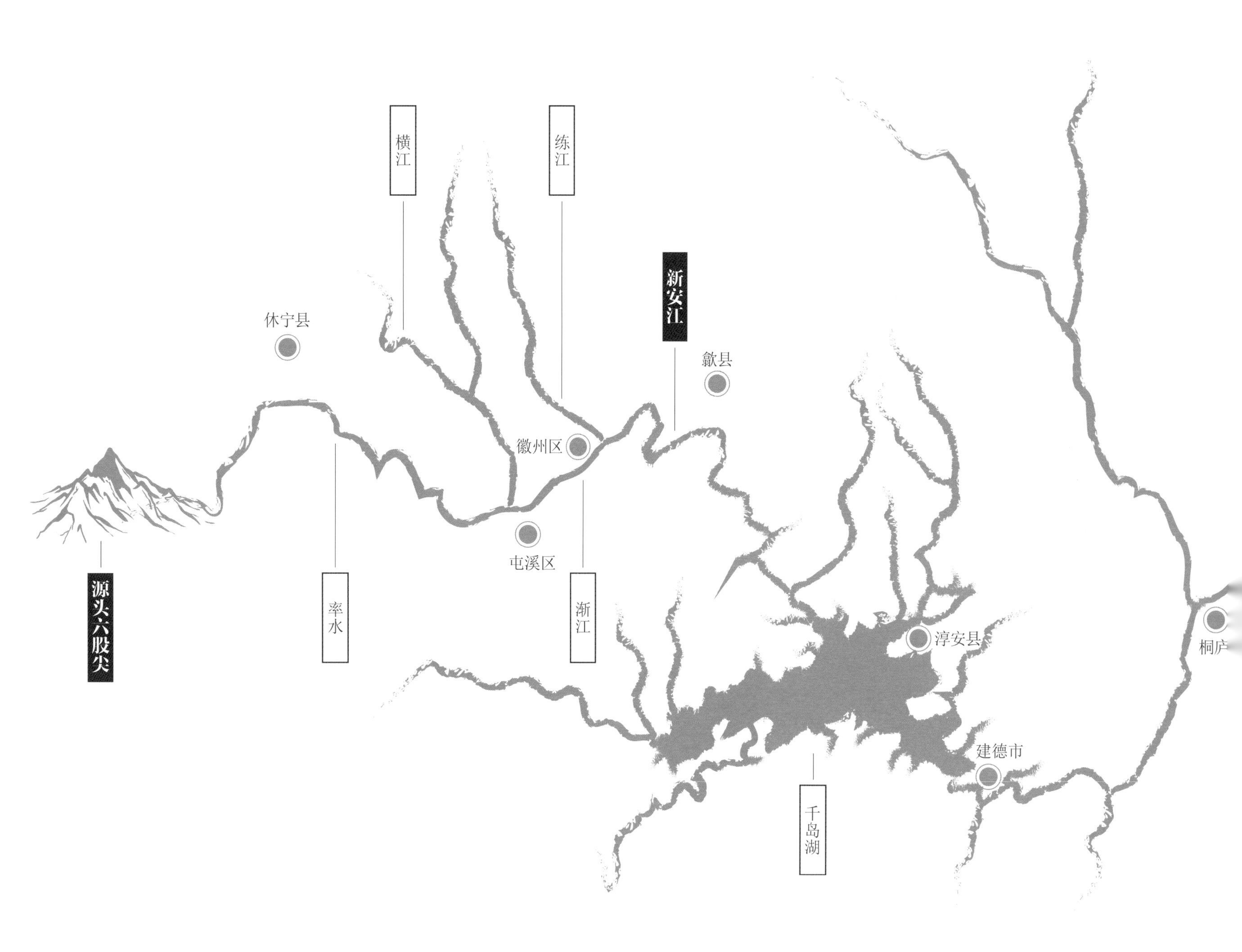
横江
练江
新安江
休宁县
歙县
徽州区
屯溪区
源头六股尖
率水
渐江
淳安县
桐庐
建德市
千岛湖

目录

富春江

钱塘江

杭州湾入海口

杭州市

富阳区

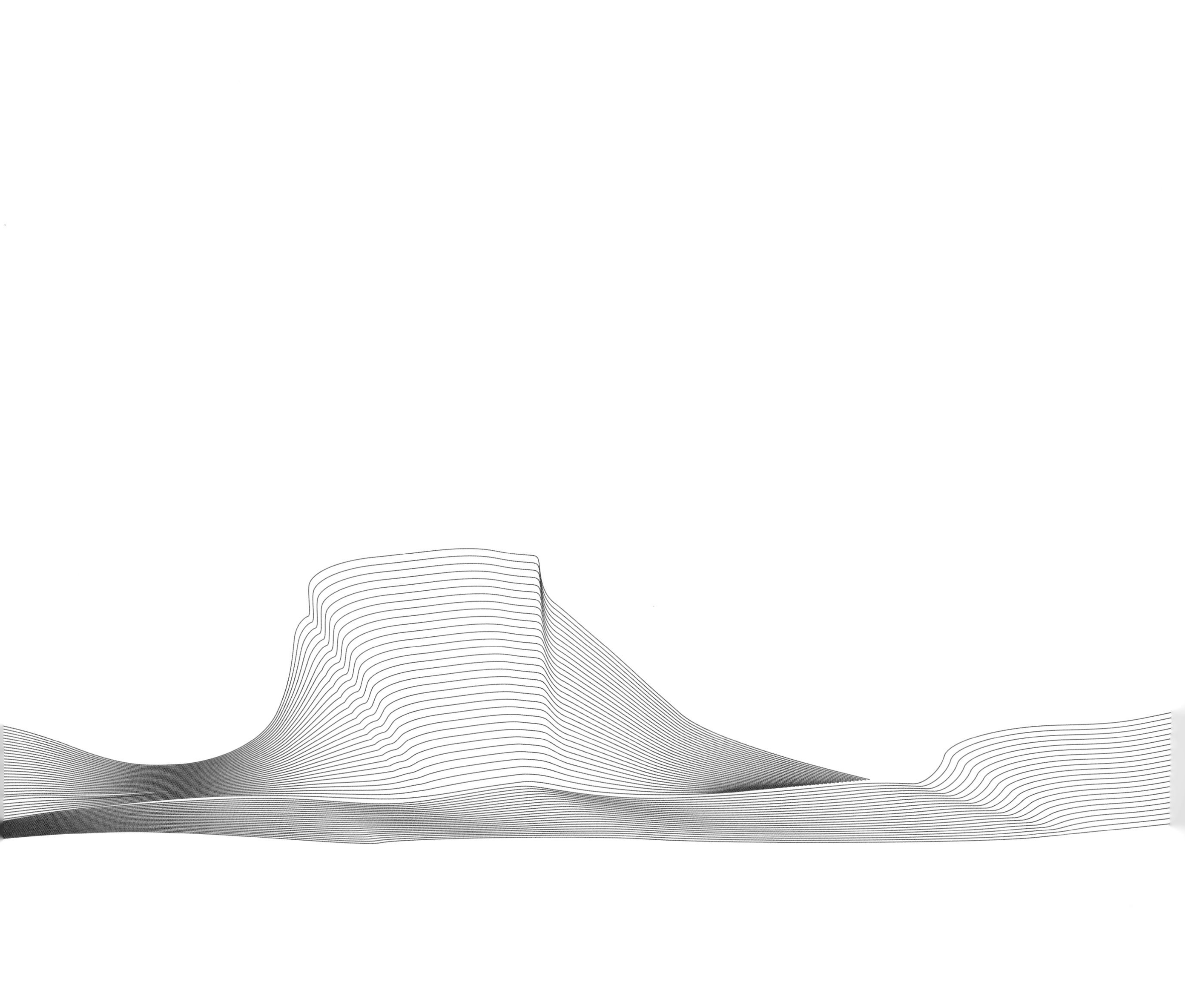

源远流长

新安江、富春江、钱塘江同根同源，当它们连在一起时，就构成了一条源远流长的大河。新安江一江连起安徽、浙江两省，是徽杭两地的母亲河。黄山市主要水系都流向新安江，然后流入浙江境内，最后归于东海。本篇展现了新安江从休宁县六股尖的源头到率水、横江、渐江、练江等水系，从山水画廊、千岛湖到富春江、钱塘江的全流域风光，从地理意义上对新安江进行了全景式的展现。

第2—3页图：新安江源头风光

第4—5页图：黄山风光

左图：休宁右龙五股尖瀑布

黄山翡翠池

上图：右龙古村落

后两页图：新安江源头第一镇——流口

左页图：齐云山南麓

上图：龙湾暮色

冰潭风光

双龙夜景

齐云山五老峰

状若太极的横江

齐云山北麓的登封桥

横江、率水和新安江的交汇处——黄山市

左右两页图：华灯初上的屯溪区（组照 7 幅）

第24—25页图：浙江日出

练江月色

四面环水的雄村小南海

上图：富溪风光

后两页图：远眺徽州区

歙县古城

俯瞰歙县

左右两页图：渔梁古坝（组照5幅）

歙县紫阳桥

新安江山水画廊——漳潭

新安江水路咽喉——深渡古镇

深渡对面的凤池村

风景如画的夏村大拐弯

石潭春色

俯瞰大洲源

清晨的大川岛

天下第一秀水——千岛湖

千岛湖绿道

秀美千岛湖

新安江水电站

魅力江城——建德

建德梅城三江口

梦幻下涯

富春江畔的花园城市——桐庐

上图：春江第一城——富阳

后两页图：钱塘江畔六和塔

钱塘江两岸的
杭州都市风光

杭州湾跨海大桥，钱塘江在此入海

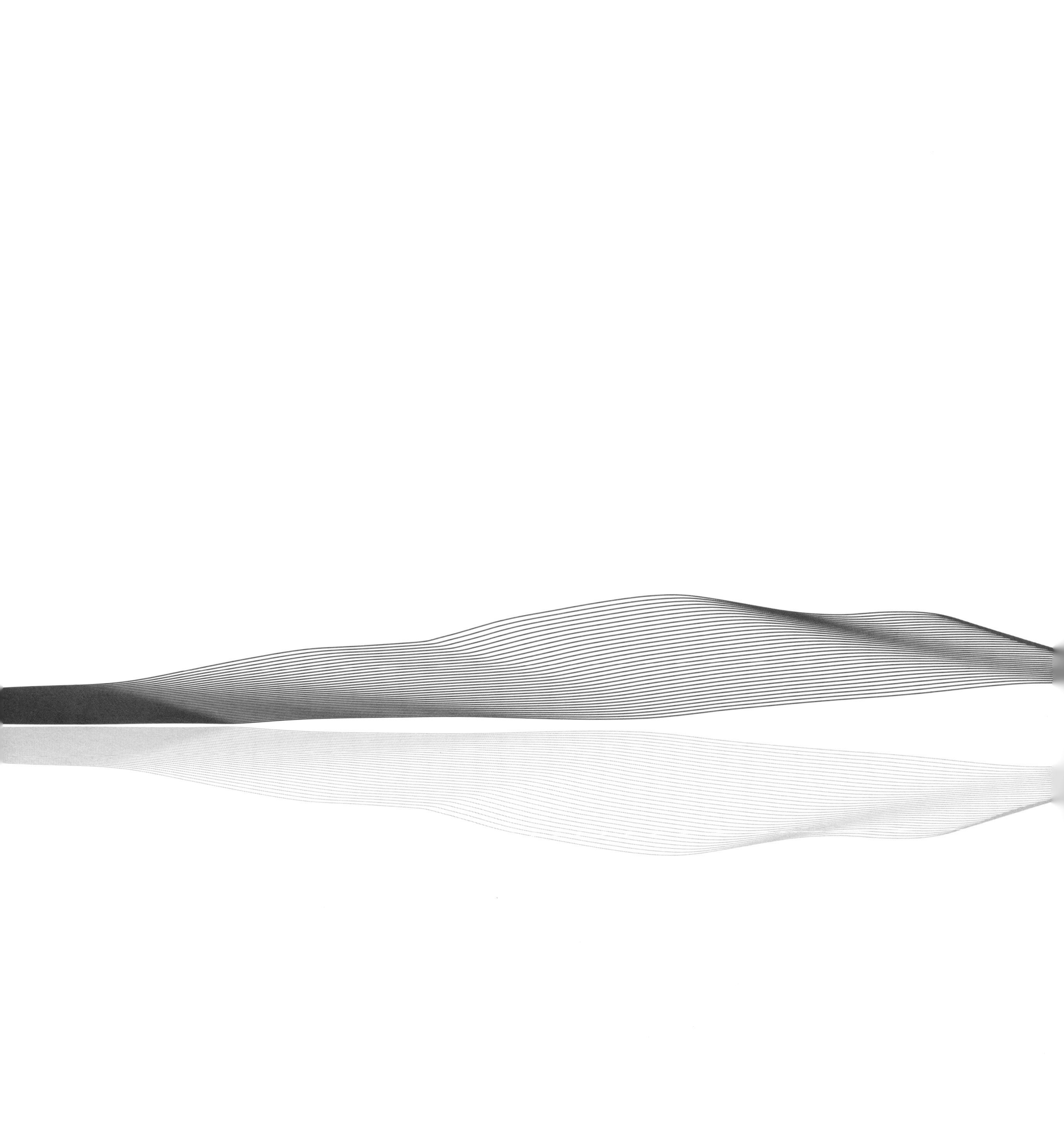

清溪清心

李白在描写新安江的《清溪行》里写道：『清溪清我心，水色异诸水。』孟浩然亦有『湖经洞庭阔，江入新安清』之句。这点出了新安江在中国江河里的一个特点：清澈。目前，新安江是中国水质最好的河流之一，践行了『绿水青山就是金山银山』的发展理念。新安江流域是生态补偿机制建设的先行探索地，也是习近平生态文明思想的重要实践地。本篇展现了新安江流域视山水林田湖草为生命共同体的整体生态保护和治理，展现了『百里新安、处处画廊』的生态画卷，从自然意义上对新安江进行了全景式展现。

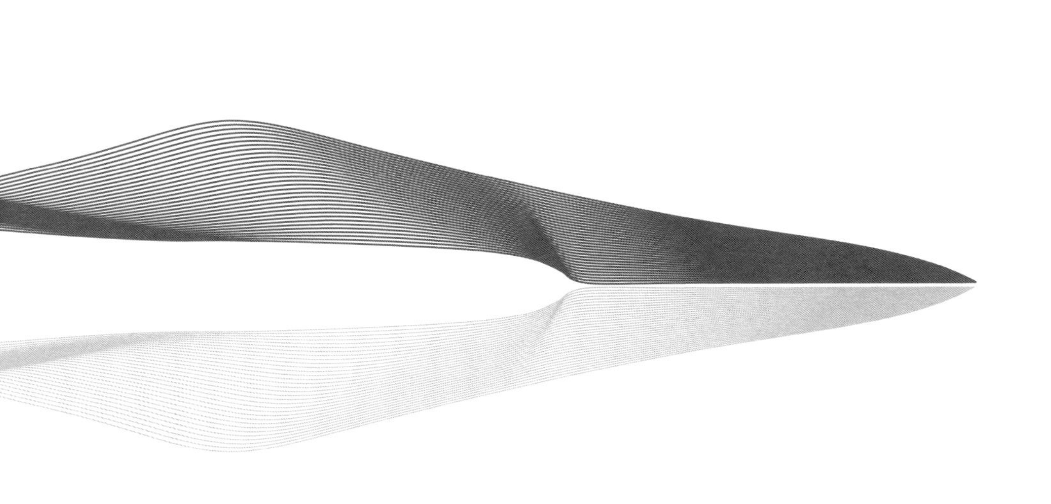

前两页图：奇墅湖水杉林

左图：新安江源头群山

石潭春色

青山环绕灵山村

上图: 无限春光在谷丰

右页图: 雾漫大洲源

后两页图: 木梨硔晨韵

左页图：祁门降上风光

上图：昌溪三月

后两页图：建设中的月潭水库

左页图与上图：守护碧水出新安（组照7幅）

新安江源头的生态美超市，通过垃圾兑换，换出了良好风尚，

换出了绿色发展（组照4幅）

上图：新安江流域皖浙两省跨界断面水质联合监测

后两页图：横江岸绿白鹭飞

上图：宏村南湖上栖息的白鹭

右页上图：横江上的天鹅

右页下图：雁来横江

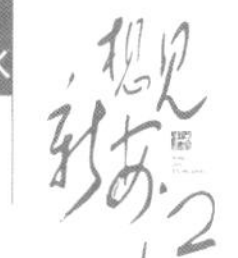

左页图：清澄如镜的新安江

上图：碧水新安

丰乐湖风光

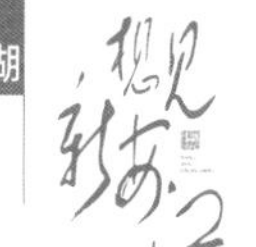

左页图：梦幻奇墅湖

上图：奇墅湖朝霞

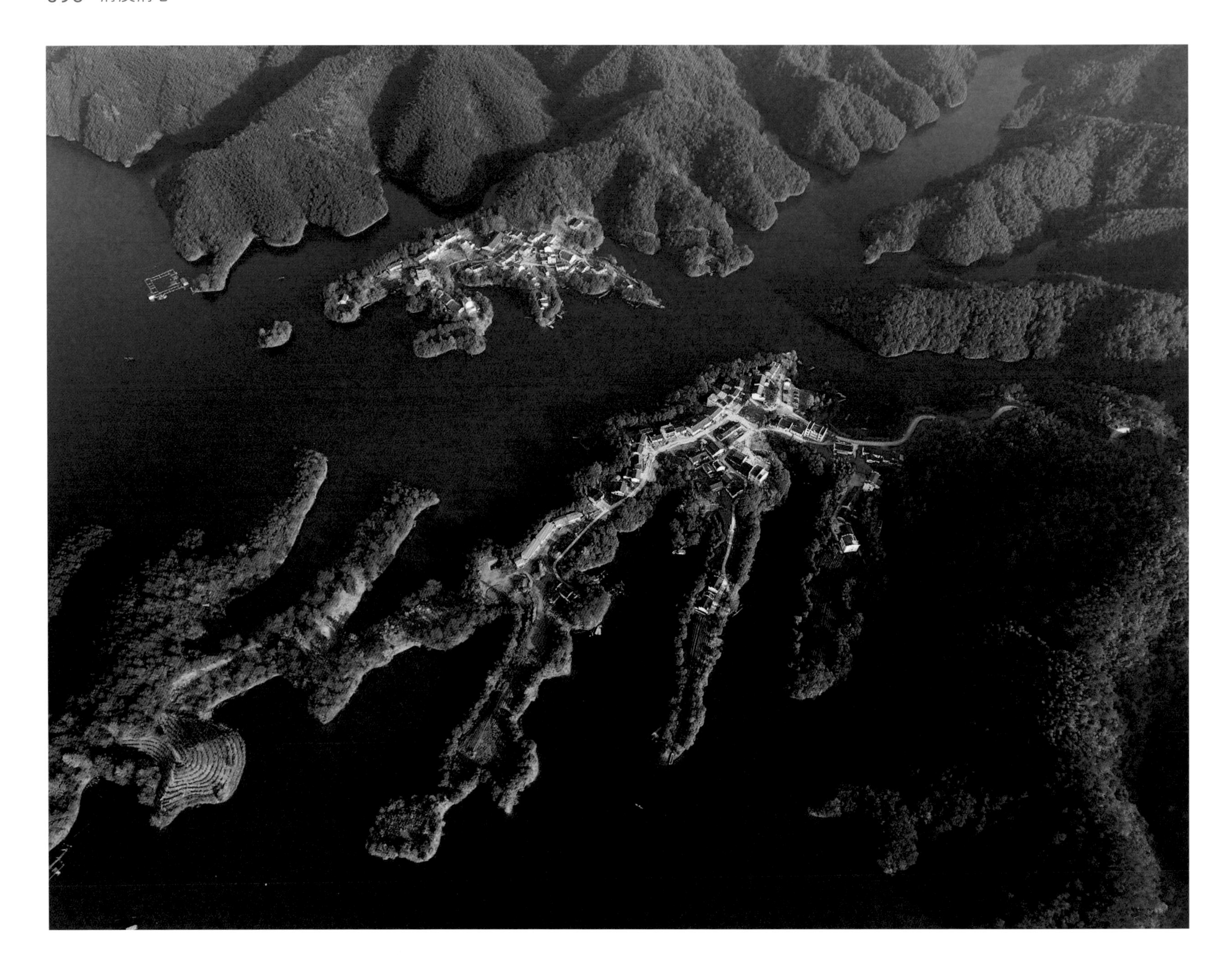

左页图与上图：大美太平湖

上图: 雾锁千岛湖

右页图: 生态千岛湖

千岛湖畔的田野

阳台村的梯田

渐江沿岸翠绿的农田

生态茶园

榆村太塘茶园

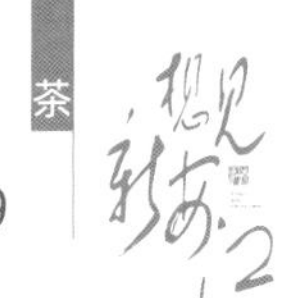

七里顶茶园秋色

木坑竹海

天目山原始森林

小和竹韵

千岛湖牧心谷水杉林

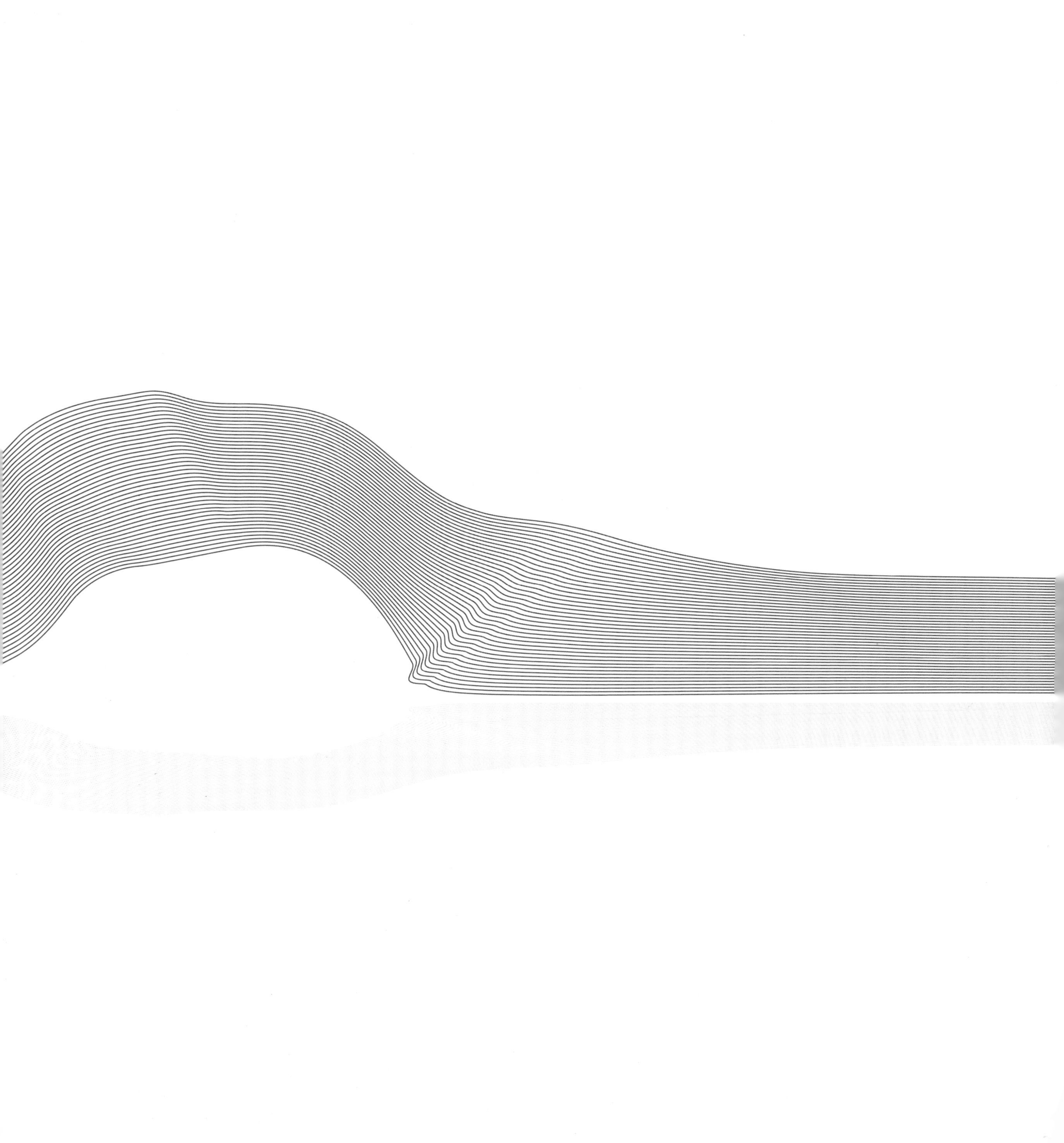

一方水土

一方水土养一方人，一方人成就一方文化。新安江让徽州这片土地有了灵魂，有了内容。在她的滋养下，徽州人有了相对封闭而稳定的家园，又是借着她的流淌，大量徽州人外出经商谋生。历代徽州人创造出了辉煌的徽州文化，这种文化『以程朱理学为内核、以徽商精神为基础、以文教理性为先导、以创新进取为灵魂』，反映在了古城、传统村落、徽派民居、牌坊、宗祠、民俗等物质文化和非物质文化上。当新安江继续向东奔流，在建德梅城换上富春江的名字，再至萧山闻堰换上钱塘江的名字，这条富有魅力的河流同样滋养了浙江人民，她吸纳了吴文化、越文化、严州文化、婺州文化、西湖文化、运河文化，终于创造出了以『弄潮儿』精神为内核的钱塘江文化，而这种开拓创新的精神，未尝不是徽商精神的承续和发扬。

仁和樓

前两页图：徽州古城标志性建筑——仁和楼

左图：国家历史文化名城——歙县古城

上图：许国石坊

文魁武耀

宏村初晓

上图：被誉为“民间故宫”的宏村承志堂

右页图：宏村印象（组照 6 幅）

上图：西递胡文光刺史牌坊

右页图：西递印象

第130页图：卢村风光

第131页图：卢村木雕楼（组照4幅）

鍾英

第132页图: 呈坎水口

第133页图: 呈坎徽韵（组照 4 幅）

右图: 关麓民居

上图：古民居里的酒吧

右页图：南屏古巷（组照 4 幅）

棠樾牌坊群

休宁三槐堂

上图：许村晨曦

后两页图：呈坎罗东舒祠宝纶阁（组照3幅）

寶綸閣

前两页图：秋到协里

上图：塔川秋色

阳产土楼

日出棋山

雾里水川

云端上的木梨硔村

云雾缭绕的大洲源

雾锁坡山

上图：坡山夜色

后两页图：卖花渔村

歙县汪满田嬉鱼灯

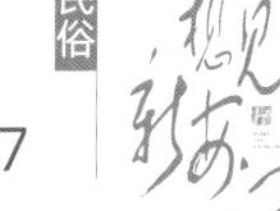

祁门历溪目连戏（组照4幅）

歙县许村舞大刀

祁门渚口舞草龙

休宁右龙板凳龙（组照4幅）

祁门潘村祭祖（组照4幅）

歙县箬岭抬汪公

左图：歙县叶村叠罗汉

右图：歙县璜田村古戏台

和聲鳴盛
安徽省黄山市歙县庆升徽剧团

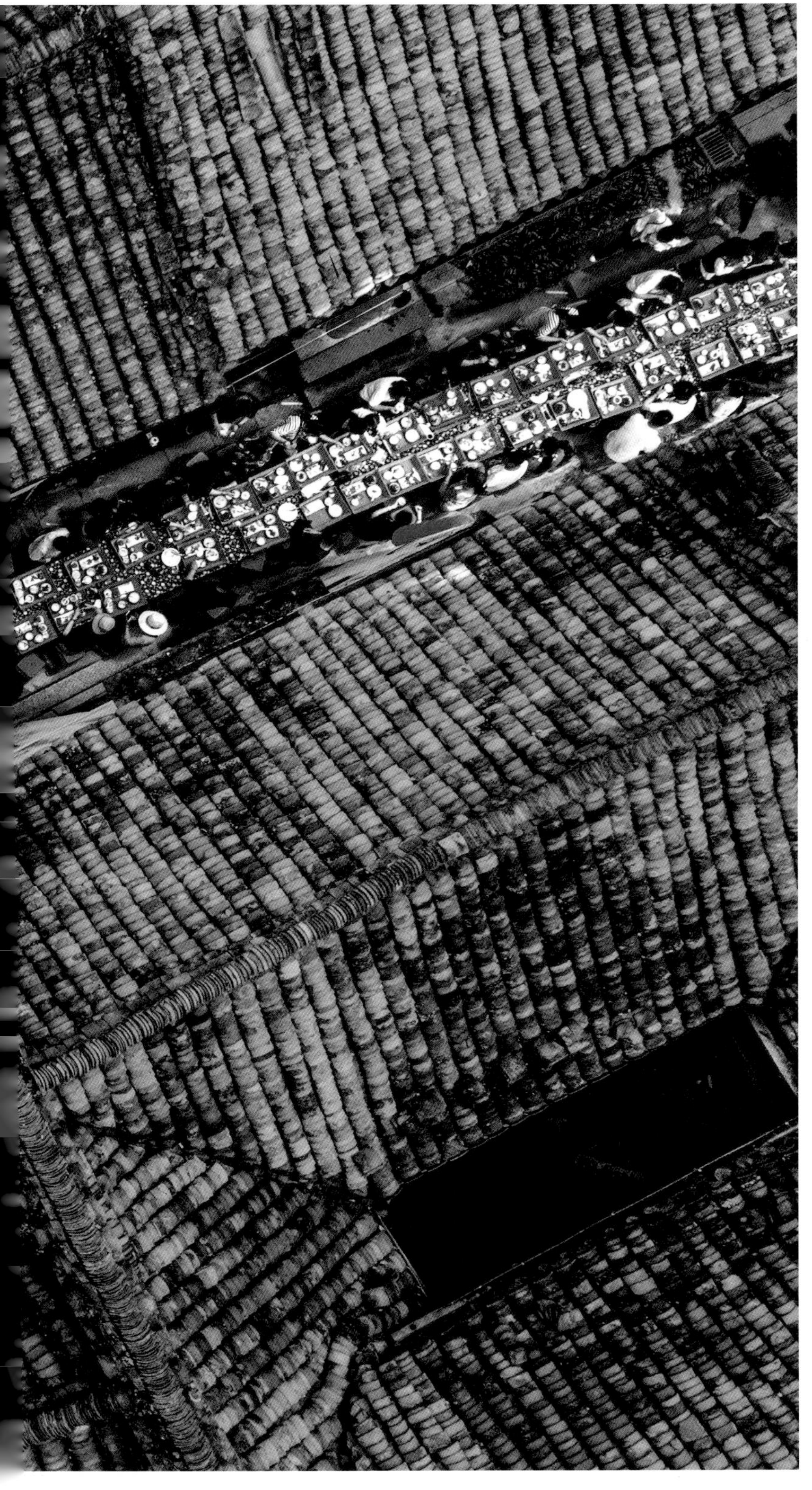

歙县许村长桌宴

淳安朱家村赛猪头

建德新叶村三月三祭祖

始于汉魏时期的钱塘观潮民俗

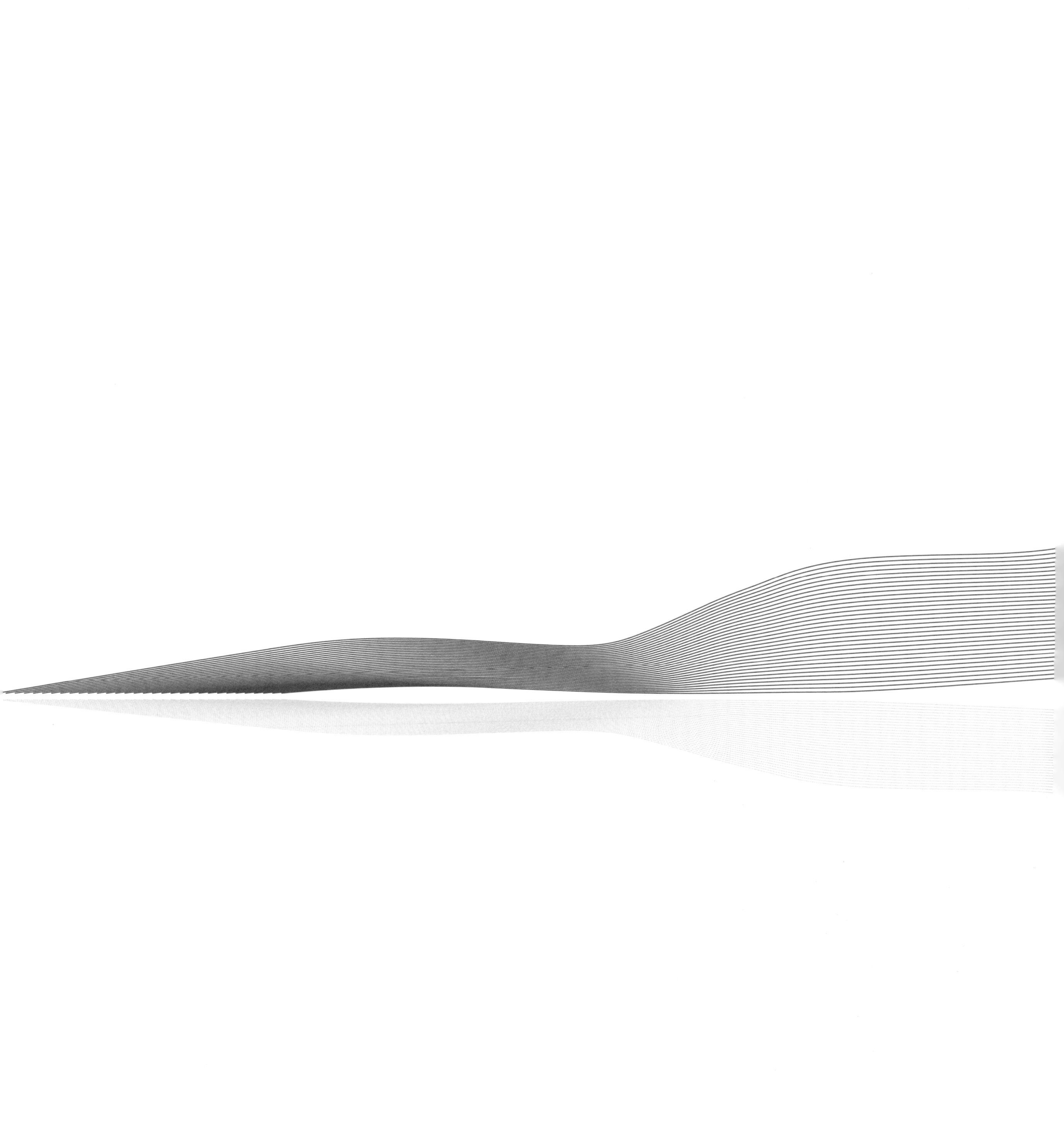

上善若水

《道德经》曰：『上善若水。水善利万物而不争，处众人之所恶，故几于道。』新安江是一条温柔的江，宽容、博大、细腻，默默滋润了徽杭两地的生命。整个新安江流域物产丰富，水与人和谐共生。日出而作，日入而息，渔歌唱晚，水边嬉戏，遇水叠桥，列车奔驰……所有这些共同为我们展现了一幅生机勃勃的画卷。新安江不仅有锦山秀水，而且泽润生民，本篇将带你从哲学层面上思考新安江对于生活在这片土地上的每一个人的意义。

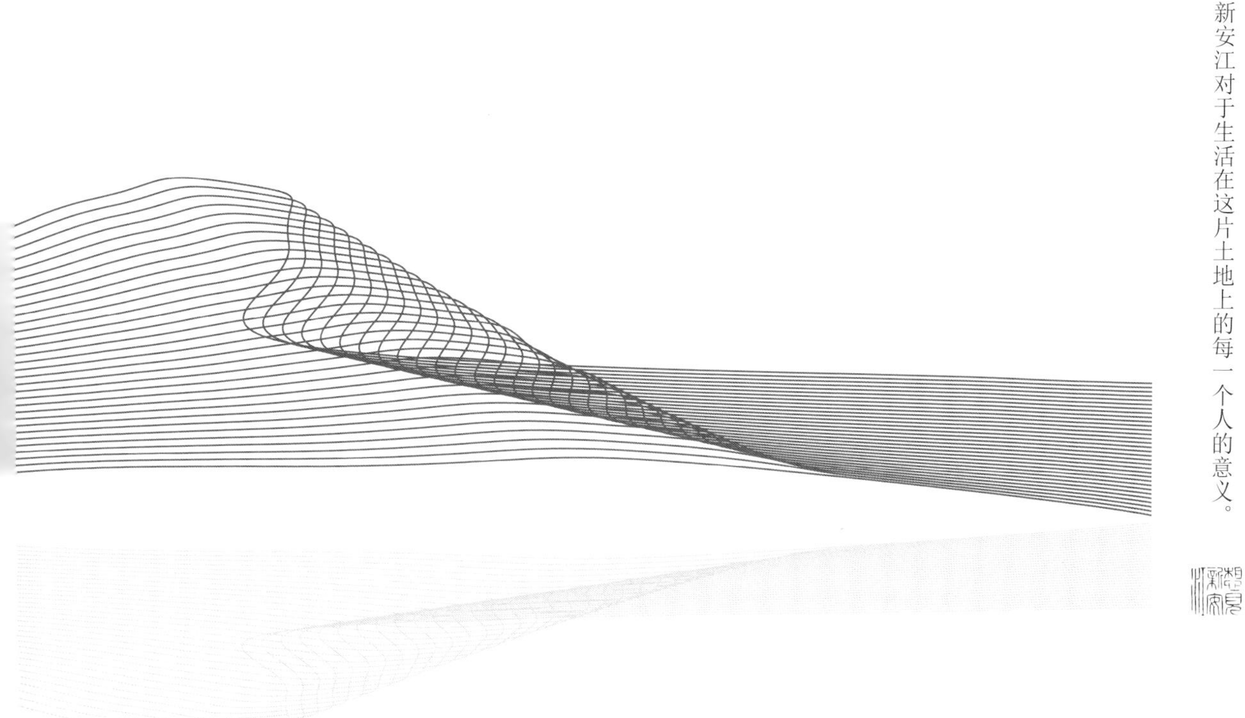

前两页图: 丰年徽州

上图: 收获油菜籽

右页图: 徽州古法榨油 (组照 5 幅)

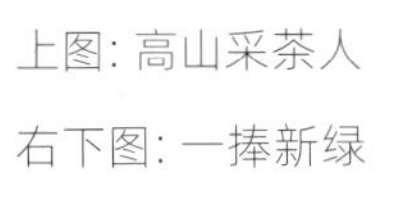

上图：高山采茶人

右下图：一捧新绿

右页图：右龙生态茶园

上图: 五陵村贡菊

右页左上图: 刚摘下来的菊花

右页右上图: 晒菊花

右页下图: 采菊花

左右两页图：上丰柿乡人家（组照 7幅）

上图: 收获香榧

右页图: 胡川榧树林 (组照 6 幅)

上图：采摘柑橘
右图：待售的柑橘

上图：老屋枇杷香

右页图：三潭枇杷熟（组照 4 幅）

NATURAL

LI-NING

上图：徽州特产毛豆腐

右页图：五城茶干（组照 4 幅）

上方两图：苞芦松

下方两图：艾叶粿

右页上方两图：嵌字豆糖

右页下方两图：打糍粿

蒸年糕

裹粽子

田园徽州

上图：春播

下图：打谷

右页图：秋收

上图: 渔夫与他的鸬鹚

右页图: 晨捕

上图：撒网捕鱼

右页图：千岛湖巨网捕鱼

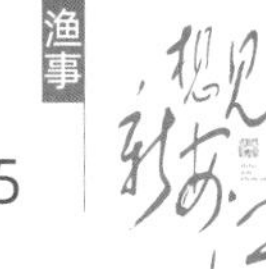

渔家灯火

嬉水

亲水

遇水叠桥，天堑变通途

上图：穿行在徽州大地上的高铁列车

第210—211页图：高铁入新安

第212—213页图：钱塘江上的西兴大桥

第214—215页图：跑向新时代

CRH

送杜越江佐觐省往新安江（节选）

「唐」刘长卿

去帆楚天外，望远愁复积。

想见新安江，扁舟一行客。

清流数千丈，底下看白石。

色混元气深，波连洞庭碧。

鸣棖去未已，前路行可觌。

猿鸟悲啾啾，杉松雨声夕。

《想见新安江》编辑委员会

总 策 划　任泽锋
主　　任　孔晓宏
副 主 任　徐德书　叶长荫　李高峰　胡　宁
编　　委　杨　林　程　前　张　伟　吴旭光　吴云忠　程　健
　　　　　熊言松　吴绍辉　蒋凌将　吴顺辉　潘　成　汪　琳
主　　编　胡　宁
副 主 编　吴绍辉　蒋凌将
编　　辑　汪　琳

摄影师名录

感谢为本书提供图片的摄影师，他们是（按姓氏拼音排序）：

毕　隽　曹晓东　陈家鸣　陈开曦　陈丽娜　陈天禾　陈夏梅
陈晓明　陈　彦　陈之页　程海波　程　杰　程贤高　邓　辉
范胜利　方红光　方四清　方永华　龚志文　韩建明　贺勋毅
胡国基　胡海宇　胡　寒　胡红英　胡宏坤　胡　昕　黄　岚
黄晓敏　籍绿萍　姜希明　金炳仁　金国华　李军亮　李　宁
林纯毅　林　坚　刘柏良　刘远庆　鲁　宜　罗　铭　罗　勇
苗　地　倪受兵　潘　成　潘华业　彭　苗　彭学平　齐　欣
钱德星　钱永德　全景网　盛红兵　盛志刚　舒　翔　宋善忠
隋　峰　孙　胜　汪炳奎　汪昌发　汪　骏　汪　琳　汪松和
汪　宇　汪远强　王　斌　王　力　王维洲　王芯克　王　轩
王永新　吴光明　吴俊鸿　肖远云　谢　辉　徐　滨　徐建华
徐　萍　许　晖　严厚康　杨　明　叶致远　应作平　余诗祥
余维旺　虞　绛　虞　韬　张建平　张　杰　赵　杨　郑　宏
仲　晓　周建林　朱国平　祝　军

责任编辑：程　禾
装帧设计：赵新宇
责任校对：朱晓波
责任印制：朱圣学

封面题字：郭　因
封面篆刻：董　建

图书在版编目（CIP）数据

想见新安江 /《想见新安江》编委会编 . -- 杭州 : 浙江摄影出版社 , 2019.6
ISBN 978-7-5514-2536-0

Ⅰ . ①想… Ⅱ . ①想… Ⅲ . ①生态环境建设—成就—中国—图集 Ⅳ . ① X321.2-64

中国版本图书馆 CIP 数据核字 (2019) 第 078635 号

XIANG JIAN XIN'AN JIANG

想见新安江

《想见新安江》编委会　编

全国百佳图书出版单位
浙江摄影出版社出版发行
地址：杭州市体育场路 347 号
邮编：310006
电话：0571-85142991
网址：www.photo.zjcb.com
制版：杭州真凯文化艺术有限公司
印刷：浙江海虹彩色印务有限公司
开本：787mm × 1092mm　1/12
印张：19
2019 年 6 月第 1 版　2019 年 6 月第 1 次印刷
ISBN 978-7-5514-2536-0
定价：198.00 元